R

T. 9767.

ⓒ

ÉTUDES

SUR

L'ESSENCE DE TÉRÉBENTHINE.

THÈSE DE CHIMIE

PRÉSENTÉE

A LA FACULTÉ DES SCIENCES DE PARIS,

POUR OBTENIR LE GRADE DE DOCTEUR ÈS-SCIENCES PHYSIQUES,

LE   MARS 1841,

PAR M. H. DEVILLE.

ACADÉMIE DE PARIS.

FACULTÉ DES SCIENCES.

MM. Biot, doyen,
Lacroix,
Francœur,
Geoffroy Saint-Hilaire,
Mirbel,
Pouillet,
Poncelet,
Libri,
Sturm,
Dumas,
} professeurs.

Beudant,

De Blainville,
Constant Prevost,
Auguste Saint-Hilaire,
Despretz,
} professeurs-adjoints.

Lefébure de Fourcy,
Duhamel,
Masson,
Péligot,
Milne Edwards,
De Jussieu,
} agrégés.

IMPRIMERIE DE BACHELIER,
Rue du Jardinet, n° 12.

A M. J.-B. Biot,

Membre de l'Institut, du Bureau des Longitudes, Doyen de la Faculté des Sciences, etc., etc.

Témoignage d'une profonde reconnaissance

H. DEVILLE.

ÉTUDES

SUR

L'ESSENCE DE TÉRÉBENTHINE,

Par M. DEVILLE.

Parmi les huiles essentielles déjà étudiées, il en existe
un groupe nombreux dont les espèces toutes isomériques
entre elles ont la composition C^5H^4, la condensation
des éléments pouvant varier de l'une à l'autre. L'identité de composition amène entre ces corps une analogie de propriétés chimiques qui a été déjà reconnue
pour beaucoup d'entre eux, de telle sorte que c'est avan-
cer l'histoire de toute cette classe que d'étudier en particulier l'une des substances qui la composent. Parmi elles
l'essence de térébenthine doit être choisie pour être exa-
minée la première, à cause de son abondance et de la
netteté de ses réactions. C'est donc sur elle que j'ai di-
rigé mes recherches, dans l'espoir que l'on pourra, avec
des modifications faciles à trouver pour chaque substance
en particulier, en appliquer les résultats à toutes celles
qui font partie du groupe dont je viens de parler.

Ce qui distingue d'une manière très nette les réactions
de l'essence de térébenthine, et leur donne un caractère
qui n'appartient jusqu'ici qu'à elles, c'est que les corps
qui en résultent sont isomériques avec la substance mère
elle-même, si je peux m'exprimer ainsi, et se combinent
avec les acides de la même manière qu'elle.

Il faut excepter pourtant les actions destructrices exer-
cées par quelques corps, l'acide nitrique par exemple,

et dans lesquelles il est bien difficile de saisir la relation qui lie à l'essence de térébenthine elle-même le composé auquel ces actions ont donné lieu.

Les combinaisons parfaitement définies qui échappent encore à cette règle, sont ceux que produit l'action des corps haloïdes sur l'essence et ses dérivés de même composition. Le chlore, par exemple, les altère dans leur composition élémentaire ; mais alors les combinaisons qui en résultent ont, pour se former, obéi à la loi des substitutions, et toutes les causes qui peuvent troubler l'équilibre de leurs molécules, l'application de la chaleur, par exemple, tendent à les ramener à l'état des corps qui rentrent dans la règle précédente.

Je trouve dans la science deux noms appliqués à l'essence de térébenthine, camphène et térébène ; pour éviter les néologismes, je conviendrai d'appeler camphène, la base du camphre artificiel solide, et térébène celle du camphre liquide. Pour plusieurs auteurs le camphène serait identique avec l'essence elle-même, et le térébène serait le résultat d'une modification moléculaire subie par celle-ci. C'est avec ces idées que j'ai travaillé, et quelle que soit la relation qui existe réellement entre les réactions de l'essence de térébenthine, je vais exposer les faits tels que je les ai observés, avec les idées théoriques qui m'ont guidé dans leur recherche, sans prétendre qu'elles soient leur expression certaine, et même qu'elles soient plus favorables que toute autre hypothèse à l'intelligence facile des expériences que j'ai faites.

TÉRÉBÈNE.

Le térébène se forme comme produit accidentel, lorsque l'on fait agir certains acides sur l'essence de térébenthine. Dans la préparation du camphre artificiel, il est combiné avec de l'acide hydrochlorique, et constitue à l'état d'hydrochlorate les résidus liquides de cette préparation.

Pour le préparer en abondance et facilement, il faut faire agir l'acide sulfurique concentré sur l'essence de térébenthine dans un appareil distillatoire. On mélange lentement les deux corps dont le contact donne lieu à une grande élévation de température. La chaleur dégagée suffit pour faire passer dans le récipient une portion assez considérable du térébène qui se forme ainsi, et elle est assez grande pour causer l'inflammation des vapeurs huileuses, si l'on agit sur des masses un peu fortes d'essence et d'acide. Quand cette distillation spontanée cesse, on chauffe la cornue et l'on recueille les produits qui se volatilisent au-dessous de 210° ou 220°. Passé cette limite ils seraient mélangés de colophène, corps dont je parlerai bientôt. Il se dégage de très grandes quantités d'acide sulfureux pendant l'opération ; je reviendrai plus tard sur cette préparation et en donnerai la théorie.

Le produit huileux que l'on recueille dans le récipient, soumis de nouveau à plusieurs traitements par l'acide sulfurique qui détruit l'essence de térébenthine non encore altérée, doit être enfin dépouillé d'acide sulfureux par le carbonate de potasse, et d'eau par le chlorure de calcium. Aucun moyen chimique ne peut avertir du moment où dans cette série d'opérations, on a fait disparaître la totalité de l'essence de térébenthine. Le seul guide, en cette circonstance, est l'observation du pouvoir rotatoire de la substance obtenue. On s'arrête quand ce pouvoir est nul, d'autres actions ne le modifieraient plus.

Il y aurait un autre procédé pour obtenir le térébène,

si l'on pouvait compter sur la pureté des matières que
l'on emploie, et ne pas craindre l'altération que les alca-
lis peuvent faire éprouver à ce corps, à de hautes températures, lorsqu'il est à l'état naissant (voyez article *Térébilène*). On pourrait, comme l'ont fait MM. Soubeiran
et Capitaine, distiller sur la chaux les résidus de la préparation du camphre artificiel solide; mais on ne connaît pas de moyen de purifier ces résidus en les débar-
rassant du camphre solide qu'ils tiennent en dissolution.
Quant à moi, j'ai employé des distillations ménagées
avec soin, des mélanges réfrigérants pour séparer les
deux corps; et toujours, après ces épreuves, il m'a été
possible de démontrer dans mes résultats la présence du
camphre solide. J'avais même été conduit à conclure de
ces expériences, que le camphre liquide pouvait, au
moins en partie, se transformer en camphre solide, tandis que c'est le contraire qui a lieu, et seulement dans
certaines circonstances. De plus, l'influence de la chaux
doit être la même sur la base du camphre artificiel liquide et sur celle du camphre solide. Or il est certain,
comme MM. Soubeiran et Capitaine l'ont démontré, que
celle-ci est altérée sous cette influence, dans sa constitu-
tion moléculaire, puisque son pouvoir rotatoire, qui a une
certaine valeur négative lorsqu'elle est combinée avec
l'acide chlorhydrique dans le camphre, devient nul lorsqu'on l'a isolée au moyen de la chaux. En outre, nous
agissons sur des substances toutes isomériques entre elles,
et l'on ne peut compter sur leur identité qu'autant qu'elles
proviennent des mêmes sources influencées de la même
manière. Donc pour être sûr d'avoir du térébène, c'est-
à-dire le résultat d'une altération moléculaire directe de
l'essence de térébenthine, il faut le recueillir comme ré-

sultat d'une réaction simple telle que celle par le moyen de laquelle j'ai appris à le préparer.

Le térébène a une odeur assez agréable, quand il n'est point souillé de soufre, elle ne rappelle en rien celle de l'essence de térébenthine, et ressemble plutôt à celle du thym. Cette propriété et sa facile préparation font que pour certains usages il pourrait remplacer avec avantage l'essence dont il partage les propriétés principales et dont il n'a pas l'odeur désagréable.

Le point d'ébullition du térébène est le même que celui de l'essence de térébenthine; sa densité à l'état liquide est à 8°, 0,864, c'est-à-dire égale à celle de l'essence. Il en est de même de la densité de vapeur.

Température de la balance..............	11°
Pression atmosphérique en faisant la tare..	751^{mm}
Température de la vapeur (observée)......	220
Pression atmosph. en fermant le ballon....	749
Excès de poids du ballon plein de vapeur..	595$^{millig.}$
Capacité du ballon....................	281$^{c.c.}$
Air restant dans le ballon..............	2$^{c.c.}$,5
Poids du litre de vapeur................	6,256
Densité rapportée à l'air................	4,812

Le térébène est isomérique avec l'essence de térébenthine; sa composition est donnée par les analyses suivantes :

	I.	II.				I.		II.		Observé.		Calculé.
Matière employée.	255	211	H =	11,57		11,40	H^{32}	11,5
Eau.............	266	217	C =	88,51		88,47	C^{40}	88,5
Acide carbonique.	817	668	Excès −	0,08	Perte + 0,13
				100,00		100,00		100,05

La rotation du térébène est nulle dans une épaisseur assez considérable à travers laquelle elle a été observée.

Je prendrai occasion de ce corps pour faire remarquer combien m'a été utile, dans cette étude de corps isomériques, la propriété que certains d'entre eux ont de dévier d'angles différents le plan de polarisation de la lumière. Pour les corps isomériques en effet, et dans certains cas, la balance n'est d'aucune utilité, et ce moyen d'analyse quantitative, qui est le seul que la chimie possède, quand il ne s'agit pas de gaz, nous fait défaut complétement.

CHLORHYDRATES DE TÉRÉBÈNE.

Il y a deux chlorhydrates de térébène, celui que l'on obtient en faisant passer directement de l'acide chlorhydrique dans le térébène, et celui qui se forme comme produit accidentel dans la préparation du camphre artificiel.

Monochlorhydrate de térébène.

Le premier est un corps d'une grande fluidité, d'une densité égale à 0,902 à 20°, dont l'odeur rappelle beaucoup celle du térébène, mais a quelque chose de camphré qui appartient aux résidus de camphre artificiel; il a une composition fort simple; il contient pour quatre volumes de vapeur de térébène, deux volumes d'acide hydrochlorique, c'est-à-dire moitié moins d'acide que les camphres solide et liquide. Sa composition est établie par les analyses suivantes :

	I.	II.		Observé. I.	II.	Calculé.
Matière employée.	274,3	311,0	H =	10,68	10,68	H^{32} = 10,53
Eau	264	299,5	C =	78,27	78,29	C^{40} = 78,16
Acide carbonique.	776	880,0	Ch =	11,05	11,03	Ch = 11,31
				100,00	100,00	100,00

Sa formule est $C^{40}H^{32}$ + ChH. Son pouvoir rotatoire est nul.

Bichlorhydrate de térébène.

Ce corps est le résidu liquide de la préparation du camphre artificiel, auquel MM. Soubeiran et Capitaine ont trouvé une densité égale à 1,017, et une composition représentée par la formule

$$C^{40} H^{32} + Ch^2 H^2.$$

Ces chimistes ont trouvé à cette substance, mêlée de la quantité de camphre solide dont on ne peut pas la dépouiller, une rotation de — 19°,920 dans 100^{mm} et pour une densité égale à 1. Pour supposer que cette déviation est due uniquement au camphre solide, dissous dans le camphre liquide employé, ce qui donnerait un pouvoir rotatoire nul à celui-ci, il faudrait admettre que le camphre liquide retient 0,58 de son poids de camphre solide. Les expériences que j'ai faites pour tâcher d'isoler complétement ces deux corps, me laissent croire qu'il peut en être ainsi même dans les circonstances dans lesquelles MM. Soubeiran et Capitaine se sont placés. J'ai pris en effet du camphre liquide dans lequel la précipitation du camphre solide s'était opérée à la température de — 15°, je l'ai distillé à trois reprises différentes et rapidement, et toujours à la fin de l'opération, j'ai pu séparer dans la partie horizontale d'un tube en U qui me servait de récipient une certaine quantité de camphre solide dont le poids total a été environ les 0,39 du liquide primitif. N'est-il pas probable, d'après cela, que le liquide recueilli dans les autres parties du tube en U pouvait contenir encore 0,19 du poids primitif en camphre solide? En outre, MM. Soubeiran et Capitaine ont observé un camphre liquide qui n'avait été refroidi qu'à — 10°. Or, aucune combinaison de térébène ne m'a jusqu'ici présenté de rotation non plus que les autres substances provenant de l'altération moléculaire de l'essence de térébenthine. Je puis donc conclure, il me semble, de ces faits et de cette considération, que le bichlorhydrate de térébène ou camphre liquide n'a pas de rotation.

BROMHYDRATES DE TÉRÉBÈNE.

Le *monobromhydrate de térébène* est un liquide incolore, d'une densité de 1,021 à 24°. Son odeur, un peu camphrée, rappelle celle du térébène. On le prépare en faisant passer de l'acide bromhydrique dans du térébène, traitant le résultat par la craie pour chasser l'excès d'acide, le charbon animal et le chlorure de calcium. On peut faire ces trois opérations à la fois en faisant passer le bromhydrate brut à travers des couches de ces substances mises dans un tube étroit, effilé à sa partie inférieure et contenant un peu d'amiante à la naissance du tube capillaire (1). Le monobromhydrate de térébène a une composition représentée par la formule $C^{40} H^{32}, BrH$, donnée par les analyses.

	I.	II.		Observé. I.	II.	Calculé.
Matière employée.	181,7	234	H =	9,65	9,42	H^{33} = 9,25
Eau............	151,0	199	C =	68,68	68,59	C^{40} = 68,74
Acide carbonique.	451,0	580	Br=	21,67	21,99	Br = 22,01
				100,00	100,00	100,00

Son pouvoir rotatoire est nul, du moins dans la petite épaisseur à laquelle il m'a été permis de l'observer. Il s'altère au bout d'un certain temps à l'air et se colore.

---

(1) Ce traitement doit être exécuté sur toutes les substances de ce genre. Je n'y reviendrai plus, il fait partie essentielle de toutes les préparations.

Le bibromhydrate de térébène s'obtient lorsque l'on fait passer de l'acide bromhydrique dans de l'essence de térébenthine ; il se forme des cristaux de bromhydrate de camphène, que l'on sépare par filtration à une température basse. Cependant, de même que pour le camphre liquide cette séparation des deux bromhydrates ne se fait qu'incomplétement, à cause de la grande solubilité du corps cristallisable dans le bromhydrate de térébène, il est aussi bien difficile de l'obtenir d'une composition constante, à cause de la petite quantité de vapeur de brome qu'entraîne toujours avec lui l'acide bromhydrique (1) et qui forme dans la liqueur du bromotérébène. Aussi ces analyses, qui devraient conduire à la formule $C^{40}H^{32},Br^2H^2$, par analogie avec le camphre liquide, présentent-elles toujours une perte en carbone et hydrogène. En voici un exemple :

				On devrait avoir :
Matière employée...	370	$H =$	7,53	$H^{34} =$ 7,78
Eau.................. ..	252	$C =$	54,04	$C^{40} =$ 56,15
Acide carbonique	722	$Br =$	38,43	$Br^2 =$ 36,07
			100,00	100,00

Le bromhydrate liquide ci-dessus analysé était complétement solide vers — 10°. Il avait été obtenu à une température de — 2 ou — 3, et conservait probablement près de la moitié de son poids de bromhydrate solide.

---

(1) Un excellent moyen d'avoir de l'acide bromhydrique bien pur est de traiter par le brome l'essence de térébenthine, et mieux le térébène, qui absorbe moins de gaz acide. Il se forme du bromure d'essence de térébenthine ou du bromo-térébène, et le gaz hydrobromique s'échappe parfaitement incolore tant qu'il y a un excès du corps organique non attaqué. Lorsque, au contraire, le brome commence à saturer l'essence ou le térébène, le gaz se colore assez fortement en rouge.

À 21° la densité de ce corps est 1,279. Pour pouvoir observer sa rotation il faut le priver en partie de sa couleur foncée en le traitant par le charbon animal. Le pouvoir rotatoire rapporté au rayon rouge est — 0,15258, ce qui supposerait à la base du bromhydrate liquide, s'il était pur, un pouvoir égal à — 0,23994. Pour admettre au contraire que cette base n'a pas de rotation, il faudrait que la proportion de bromhydrate solide s'élevât dans la liqueur à 0,553 du poids total. Cette hypothèse est bien probablement vraie, à cause de la facilité avec laquelle cette liqueur se prend en masse au moindre abaissement de température au-dessous de 0°.

Le bibromhydrate de térébène se conserve sans altération à l'air et paraît résister à cet agent tout aussi bien que le camphre liquide.

Iodhydrates de térébène.

Monoiodhydrate. — On l'obtient en faisant passer de l'acide iodhydrique (1) dans le térébène. Le gaz est ab-

---

(1) La préparation de l'acide iodhydrique par les moyens connus est ou fort incommode ou dispendieuse. J'ai eu recours, dans le besoin que j'ai eu de grandes quantités de ce gaz, à un procédé qui le donne très pur et avec beaucoup de régularité. Il consiste à se procurer d'abord une dissolution d'acide iodhydrique, en mélangeant de petites quantités de phosphore et d'iode dans les proportions prescrites, puis en versant de l'eau sur le résultat de la réaction. Dans cette liqueur, on met en ces mêmes proportions et séparément, l'iode et le phosphore que l'on veut employer, en ayant soin de tenir l'iode un peu en excès. L'iode se dissout dans l'acide iodhydrique, attaque lentement le phosphore; et l'iodure produit se détruit à mesure qu'il se forme. On a ainsi un courant de gaz parfaitement incolore, très régulier, mais qui ne commence que quelques minutes après que les substances sont en contact, parce que l'eau absorbe d'abord l'acide iodhydrique qui se forme. On n'a besoin de chauffer que vers la fin de l'opération, et alors il se volatilise de l'hydriodate d'hydrogène phosphoré, qui obstruerait les tubes, si l'on n'avait soin de faire la

sorbé avec dégagement de chaleur, et l'on a, après saturation, un liquide rouge foncé qui contient sans doute de l'iode en dissolution, car lorsqu'on a séparé l'excès d'acide et l'eau par la craie et le chlorure de calcium, ce liquide donne à l'analyse

$$H = 7,83,$$
$$C = 58,67,$$
$$Io = 35,5o,$$

ce qui, en admettant la présence de deux à trois pour cent d'iode, conduit à la formule $C^{40}H^{32}$, IoH. Du reste, en traitant ce corps par la potasse faible, ou bien par l'alcool étendu, le mercure, tous corps qui lui enlèvent de l'iode simplement dissous, il reste un liquide incolore, d'une odeur camphrée très agréable, d'une densité égale à 1,084 à 21° et dont la composition est celle donnée par la formule précédente.

	I.	II.		Observé.		Calculé	
				I.	II.		
Matière employée.	311	255,3	H =	8,21	8,07	H^{32}=	8,14
Eau.............	230	186,0	C =	60,94	60,80	C^{40}=	60,59
Acide carbonique.	685	561,0	Io =	30,85	31,13	Io =	31,27
				100,00	100,00		100,00

Cet hydriodate s'altère très rapidement à l'air, en se colorant en rouge foncé.

---

préparation dans une cornue. Quand on a besoin d'une grande quantité de gaz, il faut mettre beaucoup d'eau dans la cornue, la dissolution d'acide que l'on obtient pouvant servir à la production d'une quantité presque illimitée de gaz.

Après un jour de contact avec le gaz hydriodique, les bouchons de liége se réduisent en une pulpe noire, fumante, presque liquide. Aussi faut-il, avant de s'en servir, plonger dans du caoutchouc fondu les bouchons qui doivent servir à fermer des appareils destinés à fonctionner pendant longtemps, et se servir aussi souvent qu'on le peut de tubes de caoutchouc.

La rotation de ce corps est nulle.

Le *biodhydrate de térébène* ne peut être obtenu qu'en mélange avec l'iodhydrate de camphène, car en faisant passer de l'acide iodhydrique dans de l'essence de térébenthine, on obtient un liquide qui ne donne pas de cristaux, même à de basses températures. Cependant la décomposition du mélange étant représentée exactement par la formule

$$C^{40}H^{32}, \quad Io^{2}H^{2},$$

il en résulte que le biodhydrate de térébène a la même composition, puisque les deux corps qui le constituent, l'iodhydrate de camphène et l'iodhydrate de térébène, sont isomériques, comme le sont les deux camphres artificiels liquide et solide. Je reviendrai à ce corps à l'article *iodhydrate de camphène*.

CHLOROTÉRÉBÈNE.

En traitant le térébène par le chlore, à la suite d'une action très vive d'abord, mais qui ne se termine que très lentement et seulement sous l'influence d'un courant prolongé de gaz, on obtient un corps visqueux, incolore, lorsqu'il est dépouillé de chlore, doué d'une odeur particulière, tenace, qui rappelle celle du camphre. Pour obtenir ce corps tout-à-fait incolore, il faut faire passer au travers du térébène un courant de chlore excessivement lent, refroidir en même temps la liqueur, puis augmenter la vitesse du courant de gaz lorsque la saturation commence. L'action se termine, sous l'influence de la lumière diffuse, dans le flacon dans lequel on conserve le chlorotérébène. Le dégagement d'acide chlorhydrique est même alors assez fort pour faire craindre une explosion, si l'on n'avait soin de déboucher le flacon de temps en temps. L'acide chlorhydrique se produit aussi en grande quantité pendant le passage du chlore à travers le térébène. La densité du térébène est à 15° égale à 1,360.

Sa composition est donnée par la formule et les analyses suivantes : $C^{40}H^{24}Ch^{8}$.

	I.	II.		Observé. I.	II.	Calculé.
Matière employée.....	190	405	H =	4,67	4,79	H^{24} = 4,51
Eau................	80	172	C =	44,12	44,44	C^{40} = 44,35
Acide carbonique.....	3o3	651	Ch=	51,21	50,86	Ch^{8} = 51,14
				100,00	100,00	100,00

Le chlorotérébène provient donc du térébène, dans lequel huit atomes de chlore se seraient substitués à huit atomes d'hydrogène. Sa rotation est nulle.

Si l'on chauffe à des températures croissantes et ménagées le chlorotérébène, on le voit noircir, dégager beaucoup d'acide chlorhydrique et laisser distiller une grande quantité d'une liqueur incolore, quand on va avec lenteur, mais qui, dans le cas contraire, change d'aspect aux différentes époques de la distillation, passant du rose pur au bleu indigo et brun noirâtre par toutes les teintes intermédiaires et prenant définitivement la couleur qui appartient aux résidus de la préparation du camphre artificiel. Il reste dans la cornue du charbon parfaitement pur.

Cette expérience n'est pas simple; les produits de la distillation sont, 1° du chlorotérébène non altéré, entraîné par l'acide chlorhydrique; 2° un corps nouveau, le monochlorotérébène; 3° du chlorhydrate de térébène.

Monochlorotérébène.

Si l'on fait cette distillation sur de l'eau contenant une quantité de potasse suffisante pour arrêter l'acide chlorhydrique, la liqueur qui passe dans le récipient, desséchée par le chlorure de calcium, est le monochlorotérébène, dont la composition est donnée par la formule et les analyses suivantes: $C^{40}H^{28}Ch^4$.

	I.	II.		Observé. I.	II.	Calculé.
Matière employée.	312,7	300	H =	6,85	6,80	H^{28} = 6,76
Eau............	193,0	184	C =	59,11	59,12	C^{40} = 59,07
Acide carbonique.	668,0	641	Ch=	34,04	34,08	Ch^4 = 34,17
				100,00	100,00	100,00

On voit que ce corps est représenté en composition par du térébène dans lequel quatre atomes d'hydrogène seulement ont été remplacés par quatre atomes de chlore. Sa production s'explique au moyen de la formule

$$3(C^{40}H^{24}Ch^8) = C^{40} + 2(C^{40}H^{28}Ch^4) + 16(HCh).$$

Si maintenant on distille ce corps, on obtient encore du charbon pour résidu, de l'acide chlorhydrique, et un liquide dont la composition se rapproche de celle du bichlorhydrate de térébène, et cela en vertu de la formule

$$4(C^{40}H^{28}Ch^4) = C^{40} + 3(C^{40}H^{32}, Ch^2H^2) = 10(ChH).$$

Quand on distille rapidement le chlorotérébène, ce bichlorhydrate se produit probablement tout de suite, ce qui explique la coloration du produit distillé analogue à celle des résidus de camphre artificiel, et l'on conçoit que le chlorotérébène se décompose ainsi au feu en vertu de la formule

$$2(C^{40}H^{24}Ch^8) = C^{40} + C^{40}H^{32},Ch^2H^2 + 14(ChH).$$

Le monochlorotérébène a, à la température de 20°, une densité égale à 1,137. .

BROMOTÉRÉBÈNE.

Le brome agit sur le térébène de la même manière que le chlore, en donnant pour produits de l'acide bromhydrique en grande quantité et un liquide très visqueux fortement coloré en rouge, et que le charbon animal décolore en partie. Ce liquide est le bromotérébène, dont la densité est 1,978 à 20°. Sa composition est donnée par les analyses et la formule suivante :

	I.	II.		Observé. I.	II.	Calculé.
Matière employée.	471,5	511,8	H =	2,94	2,97	H^{14} = 2,68
Eau........	126,0	138,0	C =	27,63	27,84	C^{40} = 27,36
Acide carbonique.	471,0	515,0	Br=	69,43	69,19	Br^8 = 69,96
				100,00	100,00	100,00

Si l'on traite le bromotérébène par la chaleur, on le voit se conduire d'une manière tout-à-fait analogue au chlorotérébène. Seulement, au contact de l'air, l'acide bromhydrique se décompose et donne naissance à du brome en petite quantité, mais qui suffit pour altérer le produit de la distillation. Il reste du charbon pour résidu.

Il est probable que dans cette opération il se forme un corps analogue au monochlorotérébène et de la forme $C^{40}H^{28}Br^4$, lequel, par sa décomposition, fournirait du charbon, de l'acide bromhydrique et du bibromhydrate de térébène $C^{40}H^{32},Br^2H^2$.

L'action de l'*iode* sur le térébène n'est pas aussi simple que celle du chlore et du brome. Lorsque l'on met de l'iode dans du térébène, le liquide s'échauffe, et, s'il y a un excès de térébène, le résultat est une liqueur vert foncé, sans transparence et dans laquelle l'iode est ou simplement dissous dans le térébène, ou, s'il est combiné, il s'est ajouté aux éléments du térébène, sans altérer celui-ci ; car il n'y a pas de dépôt de charbon et il

2.

n'y a pas non plus d'acide hydriodique dégagé. Quand on met un excès d'iode et qu'on chauffe, on a alors de l'acide hydriodique et une liqueur très visqueuse qui distille en même temps que de l'iode, qui perd sa couleur noire au contact de la potasse, mais s'altère avec une rapidité très grande. Est-ce la combinaison $C^{40}H^{24}Io^8$? Mes analyses ne me permettent de rien conclure.

Hydrate de térébène.

Ce corps ne paraît pas se former dans les circonstances sous l'influence desquelles se produit l'hydrate d'essence de térébenthine. J'ai en effet placé l'un à côté de l'autre deux flacons contenant, l'un de l'eau et du térébène, l'autre de l'eau et de l'essence. Au bout de dix mois, le flacon qui renfermait l'essence contenait aussi de ce corps que M. Dumas a trouvé être de l'hydrate d'essence de térébenthine. Rien de semblable ne s'était passé dans le flacon au térébène; seulement celui-ci avait un peu jauni, probablement à cause de la présence de l'air.

Dans cette étude que je viens de faire des propriétés du térébène, j'ai toujours regardé ce corps comme identique avec la base du camphre artificiel liquide. On pourrait supposer qu'il n'en est pas ainsi, puisque je n'ai pu donner aucune preuve directe de cette identité. Pourtant, si l'on fait attention à cette absence constante de toute combinaison cristalline dans la série des corps qui se rattachent au térébène, à l'analogie des circonstances dans lesquelles celui-ci et la base du camphre liquide se produisent, et enfin à l'identité parfaite qui existe entre les propriétés physiques de ces deux corps et de leurs combinaisons, on n'hésitera pas, je crois, à admettre mon hypothèse. Elle s'est présentée à moi tout d'abord, et depuis, dans les occasions nombreuses dans lesquelles j'ai pu la vérifier, elle n'a jamais été contredite.

Dans le cas où l'on serait porté à croire que ces idées ne sont pas exactes, on devra voir dans le térébène une huile essentielle artificielle, possédant une capacité de saturation double de celle de l'essence de térébenthine, et quadruple de celle de l'essence de citron. La production par les agents chimiques d'un corps de cette nature serait un fait qui n'aurait pas encore son analogue dans la chimie organique.

Je continuerai toujours à exposer mes expériences dans l'hypothèse qui m'a servi jusqu'ici à les relier entre elles. Si elle est fausse, la rectification sera dans tous les cas facile à faire.

CAMPHÈNE.

Le camphène est la base du camphre artificiel solide. M. Dumas, MM. Soubeiran et Capitaine ont admis que cette base était identique avec l'essence de térébenthine elle-même, ces derniers se fondant surtout sur l'égalité du pouvoir rotatoire de ces substances. Le camphène n'a jamais été isolé de ses combinaisons, et cela se conçoit, puisque toutes les fois que l'essence de térébenthine entre en combinaison avec un corps quelconque, et qu'on veut l'en dégager, on la modifie moléculairement et on la transforme en des corps isomériques avec elle.

Le chlorhydrate de camphène est le camphre artificiel dont les propriétés et la composition ont été étudiées par MM. Dumas, Biot, Soubeiran, Capitaine, etc., et sont bien connues.

L'acide nitrique l'attaque difficilement en donnant naissance à un corps cristallin blanc, susceptible de former avec les bases des combinaisons colorées en jaune.

2..

Bromhydrate de camphène.

En faisant passer de l'acide bromhydrique dans l'essence jusqu'à saturation complète, on obtient un liquide de couleur foncée, fumant à cause de l'acide bromhydrique libre qu'il dissout. En laissant cet excès d'acide se dégager à l'air, quelques cristaux se déposent au bout de peu de temps; mais, pour en avoir une quantité notable, il faut refroidir la liqueur à quelques degrés au-dessous de 0° et égoutter les cristaux à cette température. On en obtient de cette manière un poids plus grand que celui de l'essence employée à l'opération. Pour être complétement purifiés, ils exigent qu'on les soumette à la presse, qu'on les dissolve dans l'alcool, et qu'après la cristallisation on les comprime encore fortement. Après ces traitements le bromhydrate de camphène est tout-à-fait pur. A cet état, il ressemble parfaitement à du camphre artificiel solide; il en a l'odeur, l'aspect et la forme cristalline. Sa composition est donnée par la formule et les analyses suivantes :

	I.	II.		I.	II.	Calculé.
Matière employée...	269	353,7	H =	7,94	7,97	H^{34}= 7,81
Eau	192	254	C =	56,07	56,05	C^{40}= 56,24
Acide carbonique...	545	716	Ch=	35,99	35,98	Br^2= 35,95
				100,00	100,00	100,00

La dissolution alcoolique de ce corps se colore en rouge à l'air, par suite d'une modification dont le résultat est de mettre à nu une certaine quantité de brome. Le chlorhydrate de camphène se conserve sans altération dans les mêmes circonstances. Le camphène a conservé dans le bromhydrate son pouvoir rotatoire, ou du moins je l'ai trouvé égal à —0,4264 au lieu de —0,43, différence qui se trouve comprise entre les limites d'erreur que l'on peut commettre. Voici les détails de l'opération :

Solution alcoolique de bromhydrate
dont la proportion pondérable....... $\varepsilon = 18,41$

Densité (à 21°) de cette solution.... $\delta = 0,864$

Rotation (rapportée au rayon jaune
et dans 100^{mm}) de la solution........ $\alpha = -4°,20$

Pouvoir rotatoire du bromhydrate
de camphène.................... $[\alpha] = -0,2282$

Pouvoir rotatoire du camphène.... $-0,4264$

Iodhydrate de camphène.

En faisant passer de l'acide iodhydrique dans de l'essence
de térébenthine, on obtient un liquide coloré en rouge
foncé, fumant et très dense. Ce corps, dépouillé de l'acide
qu'il contient par la craie, et d'eau par le chlorure de
calcium, ne dépose pas de cristaux à quelques degrés au-
dessous de 0°; il contient de l'iode en dissolution, ce qui
le colore aussi fortement, comme le prouve son analyse :

Matière employée......	652	H =	6,14
Eau.................	361	C =	43,55
Acide carbonique.......	1026	Io =	50,31
			100,00

ce qui exprime qu'il contient seulement deux à trois
centièmes d'iode en dissolution. Car en le traitant par la
potasse liquide, l'alcool faible ou le mercure, on le décolore complétement, et il donne alors à l'analyse des résultats qui concordent parfaitement, comme on peut le voir,
avec la formule $C^{40} H^{32}, H^2 Io^2$.

	I.	II.		I.	II.	Calcule.
Matière employée..	367	439,5	H =	6,35	6,56	H^{34}= 6,4
Eau..............	210	260	C =	45,99	46,36	C^{40}= 46,0
Acide carbonique...	610	737	Io=	47,66	47,80	Io^2= 47,6
				100,00	100,00	100,0

Ce corps se décompose très vite à l'air, en se colorant fortement et devenant tout-à-fait noir, par suite de l'absorption de l'oxigène. Il se dépose de l'iode. La potasse lui enlève peu à peu son acide, mais jamais complétement, même après plusieurs distillations.

Au feu la décomposition de ce corps est très rapide. A une faible chaleur il se colore déjà et fournit ensuite un liquide très dense qui passe dans le récipient en même temps que de l'iode. Il se produit aussi de l'acide iodhydrique.

La densité de cet hydriodate est 1,5097 à 15°; sa rotation ne peut être observée avec beaucoup de précision, à cause de la rapidité avec laquelle il perd sa transparence en s'altérant au contact de l'air. J'ai trouvé son pouvoir rotatoire égal à peu près à — 0,159 pour le rayon jaune.

Ce corps ne peut être évidemment considéré que comme un mélange d'iodhydrate de camphène et de biodhydrate de térébène, à cause de l'analogie d'action qui existe entre les acides chlorhydrique, bromhydrique et iodhydrique. Il faut donc admettre ou que l'iodhydrate de camphène est liquide à la température de — 1 ou —2, ou que, s'il est solide, il est assez soluble dans le biodhydrate de térébène pour y rester tout entier à cette température. Cette seconde hypothèse n'est probablement pas exacte, d'abord à cause de la petite quantité de térébène que donnent, dans les circonstances ordinaires, les acides hydrochlorique et hydrobromique en agissant sur l'essence de térébenthine, et ensuite parce que je me suis assuré que le corps que l'on retire en distillant sur la chaux le camphre solide de térébenthine ne donne pas de combinaison solide avec l'acide iodhydrique, tandis qu'il se prend en masse en absorbant l'acide chlorhydrique.

En tout cas, il est bien clair que la composition de l'iodhydrate de camphène qui se trouve dans ce mélange, doit être représentée par les nombres que je viens de donner

CHLOROCAMPHÈNE.

J'ai soumis à l'action du chlore le chlorhydrate de camphène ou camphre artificiel et je n'ai pu apercevoir une action entre ces deux corps qu'au bout d'un long temps. Cependant, toute lente qu'elle est à se produire, elle se complète en donnant lieu à un liquide probablement incolore, mais jauni par la présence du chlore. Pendant l'opération les appareils restent toujours pleins de chlore, ce qui fait voir que, s'il y a dégagement d'acide hydrochlorique, il est très faible. Il n'est pas toujours facile d'obtenir un produit liquide, celui-ci se détruisant avec la plus grande facilité, même dans l'atmosphère de chlore qui le contient. Mais cette destruction est bien plus rapide hors de l'influence de ce gaz. Le liquide se transforme en un corps cristallisable, d'une odeur faible rappelant la pomme reinette et ayant tout-à-fait l'aspect du camphre artificiel. En même temps il se produit presque avec explosion du gaz hydro-chlorique qui s'échappe mêlé à du chlore.

La composition du corps solide dont je viens de parler, et qui est le chlorocamphène, est donnée par les formules et les analyses suivantes :

	I.	II.		I.	II.	Calcule.
Matière employée......	244	242	H =	4,78	4,81	$H^{24}=$ 4,51
Eau...............	105	105	C =	44,28	44,24	$C^{40}=$ 44,35
Acide carbonique.....	389	387	Ch =	50,94	50,95	$Ch^8=$ 51,14
				100,00	100,00	100,00

Pour se rendre compte des circonstances (1) dans lesquelles se produit ce corps singulier, il faut concevoir que le chlore a agi sur la base du camphre artificiel sans pour ainsi dire défaire la combinaison, qui est devenue

$$C^{40} H^{24} Ch^8, Ch^2 H^2,$$

et il s'est formé dans l'opération $Ch^8 H^8$, qui se sont dégagés avec le chlore en excès. Cette combinaison, qui est le liquide observé, se décompose lorsqu'on l'enlève à l'influence de certaines circonstances physiques que je n'ai pu déterminer, et qu'on le met à l'air ; il donne alors lieu à un dégagement d'acide hydro-chlorique qui entraîne avec lui le chlore tenu en dissolution, et le liquide devient solide en prenant la composition trouvée plus haut,

$$C^{40} H^{24} Ch^8.$$

---

(1) L'analogie de propriétés qui a été observée entre le camphre naturel et le camphre artificiel m'a conduit, pour l'intelligence des faits que j'étudie, à essayer sur le premier l'action du chlore. Ce gaz liquéfie le camphre. Le liquide a une densité à peine supérieure à 1, une rotation à droite de + 15° à + 18° dans 47mm. Il laisse dégager le chlore et restitue du camphre ordinaire doué de rotation à la température ordinaire. Au soleil, le flacon qui le contient fait explosion, et il se produit encore du camphre. L'acide hydro chlorique produit le même effet, mais la rotation du produit liquide n'est que de + 11° dans la même épaisseur. Je n'ai pu observer ces rotations avec précision, les flacons de cristal dans lesquels j'étais obligé d'enfermer ces substances étant fortement trempés et ayant par eux-mêmes de l'action sur le plan de polarisation.

La densité du chlorocamphène est à 8° égale à 1,50.

Sa rotation, observée à travers une épaisseur de 400^{mm}, et sur une dissolution alcoolique qui contenait 0,2424 de chlorocamphène, a été trouvée absolument nulle.

Le chlorocamphène fond, sans se volatiliser, à une température de 110° à 115°. Si on le chauffe lentement et en augmentant peu à peu la température, on le voit dégager de grandes quantités d'acide chlorhydrique et laisser pour résidu du charbon en donnant des produits distillés de deux sortes, les uns solides, les autres liquides. Ceux-ci sont peu abondants lorsqu'on a mené très lentement la distillation.

Les premiers, les solides, se composent, 1° de chlorocamphène entraîné par l'acide hydro-chlorique, lorsque l'on n'a pas mis le plus grand soin à empêcher que le dégagement de ce gaz ne soit un peu vif; 2° d'un mélange de deux corps dont l'un est probablement de la forme $C^{40}H^{28}Ch^4$, et l'autre du camphre artificiel solide.

Les produits liquides sont identiques avec ceux que l'on obtient comme résultats de la distillation du chlorotérébène. Ils ont le même aspect quand on a conduit les deux distillations de la même manière.

Il se forme donc, dans cette circonstance, du térébène par une altération moléculaire que subit le camphène. Cette remarque confirme l'opinion d'après laquelle on regarde le camphène comme identique avec l'essence de térébenthine, et le térébène comme le produit d'une altération moléculaire subie par cette essence.

Dans la préparation du chlorotérébène il se passe quelque chose d'analogue à la transformation en chlorocamphène du produit liquide dont j'ai parlé au commencement de cet article. On remarque en effet qu'aussitôt après avoir retiré le chlorotérébène du vase dans lequel il s'est produit, il se fait dans son intérieur un dégagement très vif, qui dure assez longtemps, d'une grande quantité d'acide chlorhydrique. On peut supposer qu'une partie de l'acide hydro-chlorique qui a pris naissance dans la transformation du térébène en chlorotérébène s'est combinée avec celui-ci, de manière à donner le chlorhydrate de chlorotérébène

$$C^{40}H^{24}Ch^8, Ch^2H^2,$$

et que celui-ci, en laissant échapper son acide, devient, après cette perte,

$$C^{40}H^{24}Ch^8,$$

c'est-à-dire du chlorotérébène.

ACTION DU CHLORE SUR L'ESSENCE DE TÉRÉBENTHINE.

L'essence de térébenthine absorbe le chlore et se combine avec lui en donnant lieu à un développement de chaleur assez fort et à un dégagement d'acide chlorhydrique. Quand l'opération, surtout au commencement, a été conduite avec lenteur et qu'on a fait vers la fin passer un grand excès de chlore, on a pour résultat un liquide très visqueux, incolore, d'une odeur particulière camphrée, et d'une saveur sucrée et amère en même temps.

Sa densité est la même que celle du chlorotérébène, c'est-à-dire 1,36. Sa composition est représentée aussi par la même formule, ce que prouvent les analyses suivantes :

	I.	II.		Observé. I.	II.	Calculé.	
Matière employée.	709	525	H =	4,80	4,77	$H^{24} =$	4,51
Eau............	307	229	C =	44,45	44,22	$C^{40} =$	44,35
Acide carbonique.	1139	841	Ch=	50,75	51,01	$Ch^8 =$	51,14
				100,00	100,00		100,00

587 de matière ont
donné : chlorure d'argent   287,
ou bien.............   50,45 pour cent de chlore.

On remarque après la préparation de ce chlorure le
même dégagement d'acide chlorhydrique qui accompa-
gne la formation du chlorocamphène et celle du chlorotérébène. Les mêmes raisonnements et les mêmes formules s'appliqueraient également à l'explication de ce fait.

La rotation de ce corps est remarquable en ce sens
qu'elle a le signe contraire de celui de toutes les combinaisons de l'essence dans lesquelles on a observé une action sur la lumière polarisée. Le chlorure d'essence dévie
à droite, tandis que l'essence et toutes ses combinaisons
jusqu'ici observées dévient à gauche. La rotation dans 78^{mm},
est de $+ 3,075$, ce qui lui donne un pouvoir rotatoire
de $0,02854$ rapporté au rayon jaune.

Ce chlorure se conduit au feu exactement comme le
ferait un mélange de chlorocamphène et de chlorotérébène, le premier étant en quantité prépondérante. En
effet, quand on chauffe doucement le chlorure d'essence,
il dégage de l'acide chlorhydrique, laisse du charbon
pour résidu, et donne des produits dont les premières
portions sont cristallines et sont identiquement les
mêmes que les cristaux obtenus dans la distillation du
chlorocamphène, excepté pourtant que pour le chlorure
d'essence ils sont presque uniquement formés de camphre
artificiel. La rotation de celui-ci est la même que celle
du camphre obtenu directement. Les dernières portions
qui passent à la distillation sont les mêmes que celles que
l'on obtient en traitant le chlorotérébène par la chaleur.

La proportion des produits liquides aux produits cristallisés que l'on obtient ainsi est beaucoup plus grande que celle du camphre liquide au camphre solide, dans le résultat du traitement de l'essence par l'acide chlorhydrique. En admettant que le térébène est le produit d'une altération moléculaire de l'essence, et que la quantité d'altération augmente avec le nombre de réactions auxquelles on la soumet, on se rendra facilement compte de ce fait. Il suffira d'analyser les actions diverses qui, dans le cas de la formation et de la décomposition du chlorure d'essence, déterminent l'altération moléculaire de celle-ci :

1°. La réaction du chlore sur l'essence elle-même;

2°. Celle de l'acide chlorhydrique, résultant de la première réaction sur la partie non attaquée de l'essence;

3°. L'action du feu qui, comme nous l'a prouvé la distillation du chlorocamphène, tend toujours à donner lieu à une production de térébène aux dépens du camphène. La quantité de térébène ou de produits liquides fournis par cette opération est telle, que le résultat total de la distillation est liquide quand on n'a pas soin de séparer les produits. Jamais dans la préparation du camphre artificiel la quantité de camphre liquide n'est assez grande pour opérer ainsi une dissolution complète du camphre solide.

L'acide nitrique bouillant agit avec la plus grande difficulté sur le chlorure d'essence. Il distille des camphres liquide et solide, précisément comme si l'on opérait sans le concours de l'acide; puis, à la fin, celui-ci réagit sur les camphres et les convertit en produits cristallins, incolores, et susceptibles de former avec la potasse des combinaisons colorées en jaune et peu solubles dans l'eau. Il reste dans la cornue, avec l'acide qu'on est obligé de renouveler souvent pour que son action soit sensible, du chlorure d'essence non attaqué, des produits cristallins analogues à ceux dont je viens de parler, puis une substance demi résineuse qui paraît soluble dans l'acide nitrique fort et se précipite quand on y verse de l'eau.

ACTION DU BROME SUR L'ESSENCE DE TÉRÉBENTHINE.

L'essence de térébenthine et le brome se combinent en donnant naissance à de l'acide hydrobromique et à un liquide rouge foncé, fumant, visqueux et très dense. Le charbon animal lui enlève un peu de sa couleur, et quand, après ce traitement, on l'a mis en contact avec de la craie et du chlorure de calcium pour lui enlever l'acide et l'eau qu'il retient, il reste une liqueur d'une densité de $1,975$ à $20°$, c'est-à-dire la même que celle du bromotérébène et isomérique avec ce corps, comme le prouvent les analyses suivantes :

	I.	II.		Observé. I.	II.		Calculé.
Matière employée.	540	509,5	$H =$	2,99	3,01	$H^{24} =$	2,68
Eau............	146	135,0	$C =$	27,92	27,94	$C^{40} =$	27,36
Acide carbonique.	545	511,0	$Br =$	69,19	69,05	$Br^8 =$	69,96
				100,00	100,00		100,00

Il est difficile de prendre avec exactitude le pouvoir rotatoire de cette substance, à cause de la forte coloration de ses dissolutions alcooliques et éthérées ; cependant j'ai trouvé que le sens de la déviation était la droite, et dans une expérience qui ne comporte que peu de précision, à cause de la petite épaisseur à travers laquelle j'ai dû observer, j'ai trouvé un pouvoir rotatoire égal à peu près à $+ 0,024$ ou $+ 0,025$. D'après ces nombres et ceux que j'ai donnés pour le chlorure d'essence de térébenthine, on peut s'assurer que la partie organique a dans ces deux corps le même pouvoir rotatoire qui serait pour le premier + 0,0786, et pour le second à peu près + 0,08.

L'*iode* agit sur l'essence de térébenthine exactement de la même manière que sur le térébène. Un excès d'essence maintenue froide dissout l'iode en se colorant en vert foncé. A chaud, et sous l'influence d'un excès d'iode, il se dégage de l'acide hydriodique, il distille en même temps un liquide noirâtre, visqueux, et que la solution de potasse décolore.

L'*acide fluorhydrique* ne paraît pas pouvoir se combiner avec l'essence de térébenthine. J'ai fait passer une grande quantité des vapeurs de l'acide sur une petite portion d'essence placée dans un récipient en plomb refroidi. Après un contact prolongé des deux corps, l'essence s'était un peu colorée en jaune, n'avait pas sensiblement perdu de son pouvoir rotatoire et m'a donné à l'analyse :

Matière employée.....	250,5	H =	11,46
Eau..............	259	C =	85,49
Acide carbonique.....	774	Fl=	3,05
			100,00

Ce qui indique une altération que l'on ne peut attribuer à la présence de l'acide en combinaison avec l'essence, mais due plutôt à l'action de l'air sur celle-ci.

L'*acide fluo-silicique* ne me paraît pas non plus agir d'une manière sensible sur l'essence.

L'*acide acétique* cristallisable ne se combine ni à froid ni à chaud avec l'essence. A froid, après six mois de contact, ces deux corps ne m'ont pas paru avoir agi l'un sur l'autre. A chaud, au moment où le plus volatil des deux va entrer en ébullition, il se fait un mélange intime des deux corps qui semblent se dissoudre l'un dans l'autre. Le refroidissement les sépare. La distillation du mélange donne l'acide et l'essence intacts.

L'essence de térébenthine, l'acide sulfurique et l'acétate de potasse fondu, distillés ensemble, donnent de l'acide acétique, de l'acide sulfureux, du térébène et du colophène.

L'*acide phosphorique* vitreux m'a paru n'avoir qu'une action très faible et à peine sensible sur l'essence. Ce corps s'est seulement coloré en rouge faible.

L'*acide nitrique* concentré désorganise l'essence de térébenthine, et le mélange des deux corps s'enflamme. J'ai trouvé de l'acide acétique dans un produit distillé provenant de l'action sur l'essence d'un acide plus faible.

Le même acide très étendu change l'essence, après une ébullition de plusieurs jours, en une substance résineuse jaune, qui m'a paru susceptible de donner des fils en se combinant avec les bases et qui doit contenir de l'acide formique que l'on reconnaît à son odeur. Pendant l'opération il se dégage de l'azote, de l'acide carbonique et un gaz inflammable qui est de l'oxide de carbone.

L'*acide nitreux* gazeux transforme l'essence en un produit résinoïde noir, cassant, que je n'ai pas étudié parce que l'action des deux corps l'un sur l'autre n'a jamais pu se compléter dans mes opérations, la consistance résineuse du produit mettant obstacle à son contact avec le gaz. Il distille, pendant cette expérience dans laquelle la température de l'essence s'élève beaucoup, une huile rouge dont l'odeur rappelle en même temps un peu l'essence de térébenthine et beaucoup les amandes amères.

L'*acide carbonique* n'agit pas à froid sur l'essence, mais à une chaleur qui n'est pas encore le rouge sombre la décomposition se fait. On obtient dans le récipient une huile très fluide qui ressemble à de l'acétone et fortement chargée de produits empyreumatiques (1). Il se dégage de l'oxide de carbone et de l'eau. Je n'ai pu obtenir de ce liquide des quantités suffisantes pour lui enlever complétement sa couleur citrine. Cependant je citerai deux analyses que j'en ai faites pour indiquer le sens dans lequel la réaction s'est faite :

			Observé.		Calculé.
	I.	II.	I.	II.	
Matière employée.	464	307	H = 10,60	H = 10,65	H^{28} = 10,28
Eau............	444	275	C = 89,40	»	C^{40} = 89,72
Acide carbonique.	1504				
			100,00		100,00

L'*acide sulfurique* anhydre et l'acide du commerce m'ont paru donner les mêmes résultats en agissant sur l'essence. J'ai déjà parlé d'un des produits de cette réaction, je vais m'occuper tout au long des autres dans l'article suivant.

La *potasse* ne se combine pas avec l'essence de térébenthine; cependant celle-ci, distillée sur l'alcali, laisse toujours un résidu floconneux et noirâtre.

COLOPHÈNE.

Ce corps est, ainsi que le térébène, le résultat de l'action de l'acide sulfurique sur l'essence de térébenthine. En faisant le mélange de ces deux derniers corps lentement, il se dégage, comme je l'ai déjà dit, de l'acide sulfureux et du térébène. Lorsque la production de celui-ci cesse et qu'en chauffant jusqu'à 200° on n'en ob-

---

(1) L'acide carbonique employé dans cette opération était humide. En ne tenant pas compte de cette circonstance, on voit que 2 atomes d'acide carbonique C^4O^4, en enlevant 4 atomes d'hydrogène à l'essence, donnent naissance à 2 atomes d'eau H^4O^2, 2 atomes d'oxide de carbone C^4O^2, et au corps obtenu $C^{40}H^{28}$.

tient plus, on pousse le feu sous la cornue et l'on amène le produit visqueux qu'elle contient jusqu'à une ébullition très vive. Il passe en grande abondance une huile visqueuse, jaune clair, qui, redistillée plusieurs fois seule et une dernière fois sur l'alliage de potassium et d'antimoine, constitue le colophène. Il ne faut exécuter cette dernière opération qu'autant que l'on est sûr que le produit que l'on traite n'est souillé que par la présence du soufre qu'il retient obstinément et que les distillations ne lui enlèvent pas. S'il en était autrement et que le colophène contînt quelque combinaison oxidée analogue à la colophane, celle-ci donnerait avec l'alliage un corps plus carboné que le colophène, qui en altérerait la pureté et en changerait la composition.

A cet état le colophène est incolore, lorsqu'on le regarde en laissant venir à l'œil la lumière qui le traverse; mais si l'on tient le flacon un peu élevé et si l'on a soin, en plaçant derrière lui un corps de couleur foncée, de diminuer la quantité de lumière qui le traverse, on s'aperçoit que le colophène est doué d'une espèce de dichroïsme, et que la seconde couleur est le bleu-indigo foncé que l'on peut rendre très éclatant, si l'on dispose convenablement le flacon par rapport à l'œil. Cette double couleur se retrouve dans presque toutes les combinaisons du colophène; seulement, quand cette combinaison possède une couleur propre, le jaune par exemple, la couleur bleue est altérée par celle-ci et devient verte, mais le dichroïsme s'observe toujours. Une dissolution de colophane fine dans l'éther présente une seconde couleur verte très pure, en même temps que la couleur jaune qu'on lui connaît.

La densité du colophène à 9° est 0,940; à 25°, 0,9394. Il est isomérique avec l'essence de térébenthine, et sa

3

composition est donnée par les analyses suivantes :

	I.	II.		Observé.I.	II.	Calculé.
Matière employée..	198,5	194,5	H =	11,52	11,67	H^{32} = 11,5
Eau..............	206,0	204,5	C =	88,38	88,48	C^{40} = 88,5
Acide carbonique	634,0	622,0	+	0,10	− 0,15	»
				100,00	100,00	100,00

Son point d'ébullition est à peu près 310° ou 315°. J'en ai pris la densité de vapeur et j'ai obtenu 11,13, nombre qui est égal aux $\frac{7}{3}$ de 4,763, densité de vapeur de l'essence de térébenthine. Mais je ne puis répondre de l'opération, à cause d'abord de la forte coloration du colophène vidé dans le ballon, des difficultés manuelles qu'elle présente, à cause de l'ébullition de l'huile, puis de l'impossibilité, avec des thermomètres ordinaires, d'obtenir avec quelque exactitude des températures comprises entre 350 et 360°, comme celles que j'étais obligé d'employer. Il est probable au contraire que le nombre observé est beaucoup trop fort et se réduirait, dans une expérience convenablement faite, à 9,526 ou environ, double de la densité de vapeur de l'essence de térébenthine. On aurait alors pour l'atome du colophène $C^{80}H^{64}$ ou 4 volumes de vapeur, ce que les relations qui existent la colophane et le colophène confirmeraient.

Maintenant que la composition du colophène est bien établie, nous pouvons nous rendre compte de l'opération qui a donné naissance au térébène et à lui. Au contact de l'acide et de l'essence, il se forme un sulfate de camphène, et analogiquement avec ce qui se passe avec l'acide hydro-chlorique, un sulfate de térébène ou au moins du térébène. Il paraît que ce dernier sulfate ne peut rester dans cet état de combinaison, ou même ne peut se former, puisque aussitôt le mélange de l'acide et de l'essence fait, celui-ci distille, et qu'il se dégage en même temps de l'acide sulfureux. Le sulfate de térébène se détruit donc, et après la dissociation des éléments, acide sulfurique et térébène, il y a altération d'une certaine quantité de celui-ci par une portion correspondante d'acide sulfurique donnant pour résultats de l'acide sulfureux, du soufre, de l'eau et enfin du charbon ou un corps beaucoup plus carboné que le térébène. Ce produit carboné ou charbon se retrouve dans les résidus de la préparation, et il est en quantité considérable (1). La portion de térébène non décomposée distille, et c'est elle que l'on recueille. On en obtient moins que de colophène dans cette opération.

Le sulfate de camphène se détruit à son tour dans les mêmes circonstances, et en donnant les mêmes produits. Seulement, comme on devait s'y attendre, ce n'est pas le camphène que l'on obtient, mais un corps isomérique avec lui et provenant d'une altération moléculaire qu'il subit, exactement comme il arrive lorsque l'on distille sur la chaux le camphre artificiel, et que l'on obtient un liquide privé de rotation et qui n'est pas le camphène.

Le colophène a une odeur particulière rappelant beaucoup celle du corps dont je viens de parler. Son pouvoir rotatoire est nul.

Le colophène se forme en outre dans une circonstance fort remarquable. Si l'on distille de la colophane à feu nu et un peu vivement, on obtient de l'eau, un résidu charbonneux et enfin une grande quantité de colophène,

---

(1) Je crois que le sulfate de térébène n'existe pas, mais que le térébène produit par le fait même d'une réaction de l'essence se détruit en partie comme je viens de le dire, et que le reste distille sans altération.

cela en vertu de la formule :

$$4(C^{80}H^{64}O^4) = C^{40} + 7(C^{40}H^{32}) + 16(H^2O);$$

ou bien, en représentant l'atome du colophène par $C^{80}H^{64}$,

$$8(C^{80}H^{64}O^4) = C^{80} + 7(C^{80}H^{64}) + 32(H^2O).$$

Le colophène que l'on obtient ainsi est toujours un peu coloré en jaune et contient, même après plusieurs distillations, de la colophane non altérée. Malgré cela, on peut s'apercevoir facilement du dichroïsme qu'il présente, et on le rend aussi évident que dans le colophène obtenu par l'autre méthode en distillant le premier sur de l'alliage de potassium, ce qui détruit immédiatement la colophane et enlève la couleur au colophène. Mais en même temps qu'il produit cet effet, l'alliage détermine toujours la formation d'un hydrogène carboné plus carboné que le colophène et que l'on ne peut séparer de celui-ci. En distillant en effet la colophane sur de l'alliage de potassium, on obtient un dégagement de gaz hydrogène, du colophène et un corps plus carboné encore que lui, et qui en altère la composition d'une manière très sensible.

Dans toutes ces distillations de colophane il se produit toujours, en même temps que le colophène, un corps de même composition que lui. Mêlé de colophane et de produits empyreumatiques, les résultats de son analyse diffèrent des nombres théoriques d'une manière sensible. Ce corps, qui est en quantité moindre que le colophène, est fluide comme l'essence de térébenthine et n'a pas de rotation, ou en a une légère à droite qu'il doit à la présence de la colophane (1), ce qui tendrait à me faire

_____

(1) La colophane que j'ai employée a une rotation de + 5° à droite, à travers 300mm, et dans une dissolution éthérée dont la densité était de 0,7886 à 21°, et dans laquelle il entrait 0,1946 de colophane; ce qui

croire que c'est du térébène. Or on sait que M. Unver-
dorben a trouvé deux résines acides dans la colophane,
l'acide pinique et l'acide sylvique ; l'un d'eux serait donc
le résultat de l'oxidation du camphène et donnerait du
colophène à la distillation, comme le sulfate de camphène;
l'autre serait l'oxide du térébène qui se serait formé lors
de l'oxidation du camphène, et par suite d'une altération moléculaire de celui-ci, comme nous l'avons déjà vu
arriver dans d'autres circonstances (1).

Ce serait alors, dans la distillation de la colophane,
l'oxide de térébène qui fournirait le corps fluide et sans
rotation dont je viens de parler.

Chlorhydrate de colophène.

Le colophène absorbe l'acide chlorhydrique en dégageant de la chaleur; mais la craie que l'on emploie pour
retenir l'acide que le chlorhydrate ainsi formé dissout
suffit aussi pour enlever l'acide chlorhydrique combiné
avec le colophène, de telle sorte que l'analyse ne donne
dans le produit que des quantités insignifiantes de chlore,
c'est-à-dire 3 ou 4 centièmes (2). Le chlorydrate brut a
une très belle couleur indigo.

CHLOROCOLOPHÈNE.

Quand on fait agir le chlore sur le colophène, il l'ab-

---

donne à celle-ci un pouvoir rotatoire de $+ 0,10864$ rapporté au rayon rouge.

(1) Je rappellerai encore ici que, dans tout ceci, j'admets, comme M. Dumas, MM. Soubeiran et Capitaine, l'identité du camphène et de l'essence de térébenthine.

(2) Le composé $C^{r''} H^{6}$, ChJI en contiendrait 6 centièmes.

sorbe en s'échauffant et se convertit sans dégagement de gaz en une résine qui ressemble beaucoup à la colophane. Ce corps aurait une composition représentée par la formule $C^{80}H^{64}Ch^8$ d'après des analyses qui diffèrent trop des nombres théoriques pour être citées. Il serait l'analogue de la colophane, qui est $C^{80}H^{64}O^4$. Il se dissout dans l'alcool absolu et cristallise dans un endroit frais en petits cristaux circulaires jaunâtres qui perdent leur forme et s'arrondissent lorsque la température ambiante augmente. Lorsque l'on recueille ces cristaux et qu'on les analyse, on leur trouve une composition qui se rapproche de la formule $C^{80}H^{64}Ch^8$, tandis que la masse de chlorocolophène brut telle qu'on l'obtient après le traitement par le chlore contient plus de ce gaz.

Si l'on chauffe la résine obtenue tout d'abord, par suite de l'absorption du chlore par le colophène, et qu'on fasse passer un courant de ce gaz au travers de la substance fondue, on observe un grand dégagement de gaz hydro-chlorique, et la couleur du résultat de cette opération est d'un jaune clair. Dans cet état, il contient beaucoup plus de chlore et se laisse bien mieux représenter par la formule $C^{40}H^{24}Ch^8$ ou $C^{80}C^{48}Ch^{16}$, quoique l'alcool en retire encore une grande quantité de cristaux dont la composition est, comme je l'ai déjà dit, $C^{80}H^{64}Ch^8$. La décomposition de ces corps par le feu m'a semblé suivre à peu près les mêmes lois que celle du chlorocamphène et du chlorotérébène, c'est-à-dire du charbon du gaz hydro-chlorique du colophène et de son chlorhydrate.

Nous avons toujours vu jusqu'ici que chaque réaction de l'essence de térébenthine donne naissance à un corps nouveau isomérique avec cette essence, mais possédant quelque caractère chimique ou physique qui permet d'établir la non-identité des deux substances.

Un des faits les plus remarquables de ce genre est l'expérience dans laquelle MM. Soubeiran et Capitaine ont démontré que tout en ayant tous les caractères physiques et chimiques communs, l'essence de térébenthine et le corps découvert par M. Oppermann en distillant le camphre artificiel sur la chaux ne sont pas identiques et diffèrent par leur pouvoir rotatoire.

Ces considérations me font conclure, par analogie, que lorsqu'une substance provenant de l'essence de térébenthine, isomérique avec elle, et l'essence de térébenthine elle-même, sont engagées dans une combinaison, lorsqu'on veut l'isoler en la dégageant de cette combinaison, on les modifie dans leur état moléculaire et on les transforme en d'autres corps isomériques avec les premiers.

Ainsi, traitez le camphre artificiel, le bromhydrate, etc., de camphène par la chaux, vous aurez le corps obtenu par M. Oppermann; traitez de même le chlorhydrate, le bromhydrate, etc., de térébène, vous aurez un nouveau corps, le térébilène; traitez de même les combinaisons du colophène, vous aurez le colophilène.

Les caractères physiques et chimiques, jusqu'ici employés pour différencier entre eux les corps, peuvent nous manquer dans ce cas, sans pourtant que nous devions ne pas obéir à l'analogie; ainsi je ne connais pas de différence à établir entre le térébène et le térébilène, si ce n'est peut-être la densité à l'état liquide, et je ne crois pas que l'on doive considérer ces deux corps comme identiques, quoique aucun caractère différent emprunté, soit à la physique, soit à la chimie, ne puisse infirmer cette identité.

MM. Soubeiran et Capitaine ont adopté la terminaison *ilène* pour désigner le corps obtenu en distillant sur la chaux le camphre liquide ou chlorhydrate de térébène; je propose d'adopter cette terminaison pour tous ces corps de seconde formation, et d'appeler ainsi camphilène le corps découvert par M. Oppermann, colophilène celui obtenu en traitant le chlorhydrate de colophène par la chaux.

CAMPHILÈNE.

Ses propriétés ont déjà été étudiées; je n'ai qu'une chose à ajouter à ce qui est déjà connu, c'est que son iodhydrate est liquide, contrairement à ce qu'on aurait pu supposer. Le brome le solidifie en formant probablement du bromocamphilène; je dirai en outre que les procédés qui servent ordinairement à la préparation du camphilène le donnent toujours souillé de colophène, surtout quand on emploie l'alliage de potassium pour le purifier. Ce sont surtout les dernières parties qui passent à la distillation qui renferment le colophène : elles finissent par acquérir tout-à-fait la consistance visqueuse.

TÉRÉBILÈNE.

J'ai obtenu ce corps en décomposant l'iodhydrate de térébène par la potasse à chaud, et en purifiant le résultat par une distillation sur l'alliage de potassium. Le térébilène retient obstinément les dernières traces d'iode, que ce traitement seul peut lui enlever. Sa densité à 21° est 0,843, c'est-à-dire un peu plus faible que celle de l'essence de térébenthine; il a la même composition et la même densité de vapeur que celle-ci :

			Calcule.
Matière employée.	212,5	$H = 11,60$	$H = 11,5$
Eau............	222	$C = 88,42$	$C = 11,5$
Acide carbonique.	679	— 0,02	
		100,00	100,0

Densité de vapeur $= 4,767$. Calculée elle est $4,763$.

Pression barométrique............	769^{mm}
Température de la balance........	21°
Température du bain (observée)...	197°
Excès de poids................	$712^{millig.}$
Capacité du ballon..............	$287^{c.c.}$
Air rentré....................	des traces
Poids du litre.................	6,1906
Densité de la vapeur............	4,767

MM. Soubeiran et Capitaine ont trouvé la même composition et la même densité de vapeur au térébilène tiré du chlorhydrate de térébène.

COLOPHILÈNE.

J'ai obtenu ce corps en distillant sur la baryte le chlorhydrate non purifié de colophène. Il m'a semblé que ce produit ne possédait pas le dichroïsme que l'on observe dans le colophène.

CONCLUSION.

L'essence de térébenthine ne m'a offert dans toutes ses réactions que deux espèces de résultats :

I°. Des corps isomériques avec elle et leurs combinaisons avec les acides;

II°. Des corps représentant en composition de l'essence de térébenthine modifiée par la présence d'un corps haloïde : celui-ci s'est substitué atome pour atome à une fraction simple de l'hydrogène contenu dans l'essence.

I°. Les corps isomériques avec l'essence de térébenthine et produits par elle directement ou non, sont jusqu'ici de trois ordres :

1°. Le camphène ou l'essence elle-même, dans l'hypothèse de l'homogénéité de celle-ci ;

2°. Le térébène et le sulfène, produits d'une réaction simple du camphène ;

3°. Le camphilène, le térébilène, le colophilène, les deux derniers produits d'une réaction simple des corps du deuxième ordre, et tous les trois produits d'une réaction double du camphène.

Chaque réaction de l'essence de térébenthine et des corps qu'elle engendre, engendre aussi de nouvelles substances. Ainsi le térébène, produit par le camphène, produit lui-même le térébilène ; celui-ci produirait probablement une substance isomérique avec lui, et du quatrième ordre.

On a ainsi une série de corps isomériques entre eux, dont le caractère est très simple : chaque terme de cette série engendre le terme suivant dans les circonstances sous l'influence desquelles il a été produit par le terme précédent. Jusqu'ici cette série n'a encore que trois termes.

II°. Les dérivés suivant la loi des substitutions de tous ces corps ne m'ont pas offert tout d'abord de semblables classifications à faire ; mais, d'après une remarque faite déjà à la première page de ce Mémoire, chacun d'eux, fournissant par l'action du feu une substance comprise dans la catégorie précédente, se trouve classé de la même manière qu'elle. Ainsi le chlorocolophène appartient au deuxième ordre des dérivés de l'essence, parce qu'il donne à la distillation du chlorhydrate de colophène.

Avec ces éléments on peut faire le tableau suivant :

PREMIER ORDRE.	DEUXIÈME ORDRE.	TROISIÈME ORDRE.

Camphène,

$C^{40}H^{32}$.

isomérique avec { Térébène / Colophène } isomériq. avec { Camphilène. / Térébilène. / Colophilène. }

Chlohydrate de camphène,

$C^{40}H^{32}, Ch^2H^2$.

Bromhydrate de camphène,

$C^{40}H^{32}, B^2rH$.

Iodhydrate de camphène,

$C^{40}H^{32}, Io^2H^2$.

isomériques avec { Bichlorhydrate de térébène. / Bibromhydrate de térébène. / Biodhydrate de térébène. }

Monochlorhydrate de térébène,

$C^{48}H^{82}, ChH$.

Monobromhydrate de térébène,

$C^{40}H^{82}, BrH$.

Monoiodhydrate de térébène,

$C^{40}H^{82}, IoH$.

Chlorhydrate de colophène,

$C^{80}H^{64}, ChH$.

Chlorocamphène,

$C^{40}H^{24}Ch^2$.

isomer. avec { Chlorotérébène / Chlorocolophène } isomér. avec chlorocamphilène (1).

Monochlorotérébène,

$C^{40}H^{28}Ch^4$.

Monochlorocolophène,

$C^{80}H^{64}Ch^8$

Oxide de camphène,

$C^{80}H^{64}O^4$. } isomér. avec oxide de térébène.

En dehors de toute classification :

Chlorure d'essence de térébenthine
Bromure d'essence de térébenthine
Oxide d'essence de térébenthine (co-

} combinaison de {

Chlorocamphène et chlorotérébène.
Bromocamphène et bromotérébène.
Oxide de camphène et oxide de térébène.

(1) M. Dumas a obtenu en corps cristallisé en faisant passer du chlore à saturation à travers le camphilène. D'après ce que nous savons déjà, ce ne peut être que du chloro-camphène $C^{40}H^{34}Ch$.

Table des principales propriétés physiques des corps que produit l'essence de térébenthine.

SUBSTANCES.	COMPOSITION.	DENSITÉ à l'état liquide.	DENSITÉ de vapeur.	POUVOIR rotatoire.	POUVOIR rotatoire de la partie organique.	ÉTAT PHYSIQUE.
Camphène ou essence de térébène..	$C^{40}H^{32}$	0,860 à 20°	4,763	— 0,4368	— 0,4368	Liquide.
Chlorhydrate de camphène.......	$C^{40}H^{32}, Ch^2H^2$			— 0,3,072	— 0,4368	Solide.
Bromhydrate de camphène........	$C^{40}H^{32}, Br^2H^2$			— 0,22,2	— 0,4368	Solide.
Iohydrate de camphène..........	$C^{40}H^{32}, Io^2H^2$	1,5097 à 15°		— 0,2236?	— 0,4368?	Liquide.
Chlorocamphène................	$C^{40}H^{24}Ch^8$	1,50 à 8°		0,0000	0,00000	Solide.
Chlorhydrate de chlorocamphène.	$C^{40}H^{24}Ch^8, Ch^2H?$			0,0000	0,00000	Liquide.
Térébène...........	$C^{40}H^{32}$	0,864 à 8°	4,763	0,0000	0,00000	Liquide.
Monochlorhydrate de térébène...	$C^{40}H^{32}, Ch H.$	0,902 à 20°		0,0000	0,00000	Liquide.
Monobromhydrate de térébène....	$C^{40}H^{32}, Br H.$	1,021 à 24°		0,0000	0,00000	Liquide.
Monoiodhydrate de térébène.....	$C^{40}H^{32}, Io H.$	1,084 à 21°		0,0000	0,00000	Liquide.
Bichlorhydrate de térébène.....	$C^{40}H^{32}, Ch^2H^2$	1,017 à 21°		0,0000	0,00000	Liquide.
Bibromhydrate de térébène......	$C^{40}H^{32}, Br^2H^2$	1,279 à 15°		0,0000	0,00000	Liquide.
Biiodhydrate de térébène.......	$C^{40}H^{32}, Io^2H^2$	1,5097 à 15°		0,0000	0,00000	Liquide.
Chlorotérébène................	$C^{40}H^{24}Ch^8$	1,360 à 15°		0,0000	0,00000	Liquide.
Monochlorotérébène............	$C^{40}H^{28}Ch^4$	1,137 à 20°		0,0000	0,00000	Liquide.
Bromotérébène.................	$C^{40}H^{24}Br^8$	1,975 à 20°	9,526?	0,0000	0,00000	Liquide.
Colophène....................	$C^{40}H^{64}$	0,939 à 25°		0,0000	0,00000	Liquide.
Chlorhydrate de colophène.....	$C^{80}H^{64}. Ch H?$			0,0000	0,00000	Liquide.
Chlorocolophène..............	$C^{80}H^{64}Ch^{16}$			0,0000	0,00000	Solide.
Monochlorocolophène..........	$C^{80}H^{64}Ch^4$			0,0000	0,00000	Solide.
Camphilène...................	$C^{40}H^{64}$			0,0000	0,00000	Liquide.
Térébilène...................	$C^{40}H^{32}$	{0,860 / 0,843} à 20°	4,763	0,0000	0,00000	Liquide.
Colophène....................	$C^{80}H^{64}$			0,0000	0,00000	Liquide.
Chlorure d'essence de térébenthine.	$C^{40}H^{24}Ch^8$	1,360 à 15°		+ 0,12354	+ 0,0586	Liquide.
Bromure d'essence de térébenthin.	$C^{40}H^{24}Br^8$	1,978 à 20°		+ 0,024	+ 0,08	Liquide.
Colophane ou oxide d'essence de térébenthine.	$C^{80}H^{64}O^4$			+ 0,10864	+ 0,1267	Solide.

Imprimé en France
FROC021218220120
23240FR00018B/425/P